本书受上海市教育委员会、上海科普教育发展基金会资助出版

鸟儿是如何适应飞行的

上海教育出版社
SHANGHAI EDUCATIONAL
PUBLISHING HOUSE

图书在版编目(CIP)数据
鸟儿是如何适应飞行的 / 顾洁燕主编. – 上海: 上海
教育出版社, 2016.12
（自然趣玩屋）
ISBN 978-7-5444-7330-9

Ⅰ. ①鸟… Ⅱ. ①顾… Ⅲ. ①鸟类 – 青少年读物
Ⅳ. ①Q959.7-49

中国版本图书馆CIP数据核字(2016)第287970号

责任编辑 芮东莉
黄修远
美术编辑 肖祥德

鸟儿是如何适应飞行的
顾洁燕 主编

出　版 上海世纪出版股份有限公司
上 海 教 育 出 版 社
易文网 www.ewen.co
地　址 上海永福路123号
邮　编 200031
发　行 上海世纪出版股份有限公司发行中心
印　刷 苏州美柯乐制版印务有限责任公司
开　本 787×1092 1/16 印张 1 插页 1
版　次 2016年12月第1版
印　次 2016年12月第1次印刷
书　号 ISBN 978-7-5444-7330-9/G·6039
定　价 15.00元

目录

CONTENTS

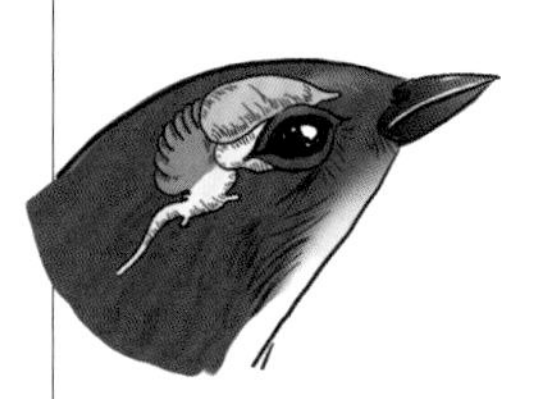

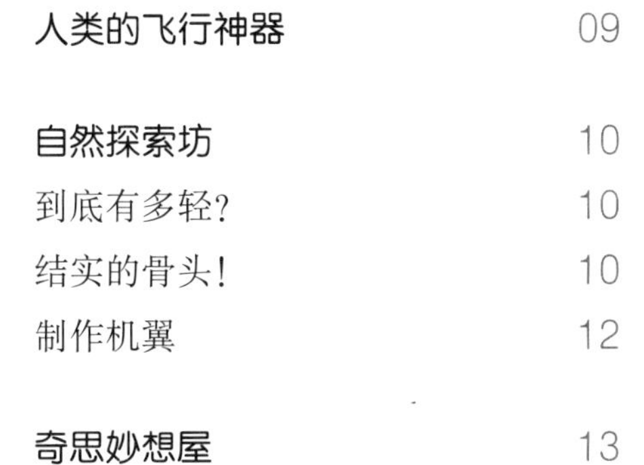

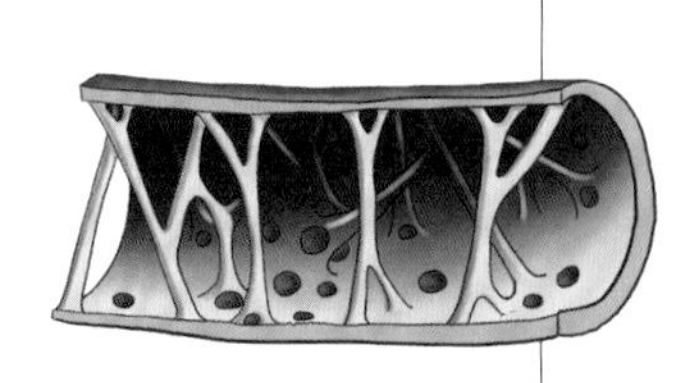

飞鸟的秘密

鸟儿在天空中自由地翱翔，看着它们优美的姿势，你可能想过这样的问题："鸟儿为什么会飞？"其实，几千年前，人类就已经开始探究鸟儿飞翔的秘密了。在不断的探索中，人类慢慢解开了这一谜题，并向鸟儿学习，实现了人类在天空中飞翔的梦想。鸟儿是怎么飞翔的呢？让我们一起来探个究竟吧！

像鸟儿一样飞翔，你需要……

你也想像鸟儿一样飞翔吗？那就来对你的全身进行一番大改造吧！

1. 安上翅膀

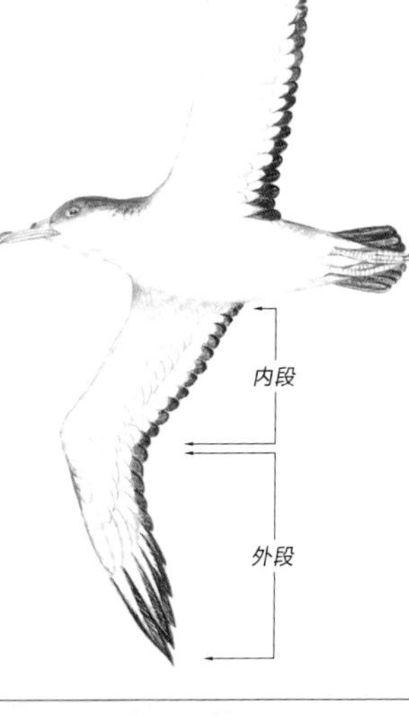

● 翅膀是鸟类所拥有的独特身体器官。根据翅膀在飞行中的作用，我们可以将它简单地分为内段和外段。内段可以产生升力，而外段则可以通过转动来控制飞行并通过扇动产生推进力。除此之外，鸟类的翅膀展开成扇形，便于扇动空气以利于飞行。

想一想

有翅膀就一定能够飞翔吗？有哪些鸟类虽然有翅膀却并不能飞翔？

我知道，____________________虽然有翅膀，但是却不能飞！

2. 加上羽毛

● 光有翅膀也不行，翅膀上要覆盖羽毛。鸟类的羽毛是表皮的角质化衍生物，就像爬行类的鳞片一样。单只鸟羽毛的数量就大约有2000枚之多，然而它们却很轻，有研究表明，鸟类的平均羽重仅相当于平均体重的6%。

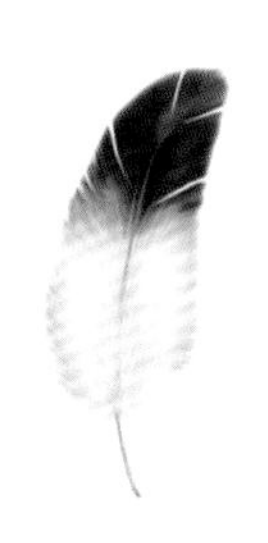

- 我们可以按照鸟类羽毛生长的位置对羽毛进行分类，其中跟飞行有关的羽毛就是飞羽、尾羽和覆羽了！

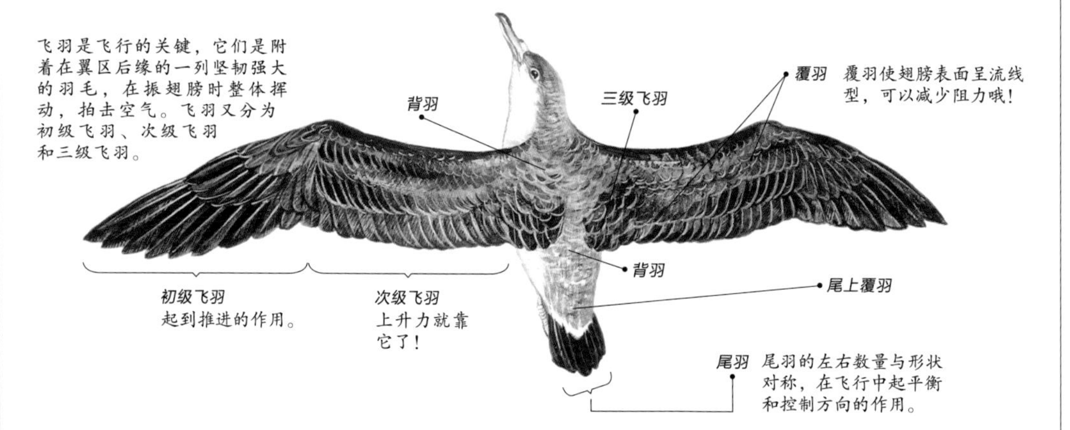

- 根据羽毛不同的特征还能分为正羽、绒羽和纤羽等类型。

正羽	绒羽	纤羽
正羽是覆盖鸟类体表的主要羽毛，我们刚刚说的飞羽和尾羽都是特化的正羽。	绒羽蓬松柔软，看上去有点杂乱无章，它生长在正羽下面，是非常有效的隔热层。	纤羽就像它的名字一样，纤柔细小，羽枝长在羽轴的顶端，像一把小伞。纤羽散生于正羽及绒羽之间，具有良好的触觉功能。

辨一辨

现在，你能说出下面这三种羽毛分别属于哪种类型吗？

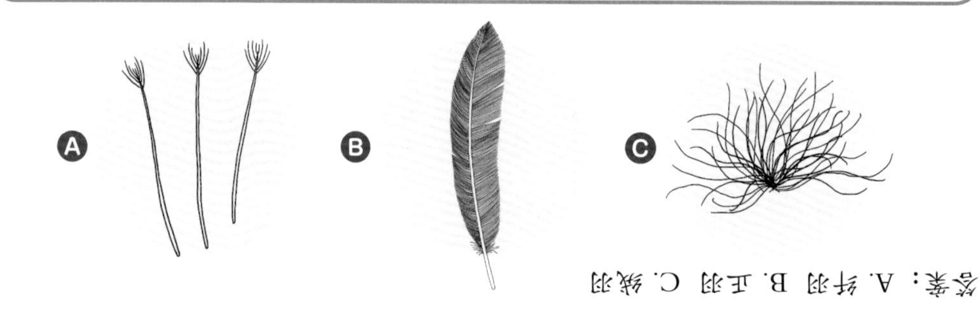

答案：A. 纤羽 B. 正羽 C. 绒羽

3. 改造骨骼

● 有了翅膀和羽毛，可是还是飞不起来。不要急，因为对于鸟儿的飞翔来说，骨骼也同样重要！

给骨头减重

● 鸟的骨头非常轻，它们是怎么给骨头减重的？让我们把它剖开来看看吧！

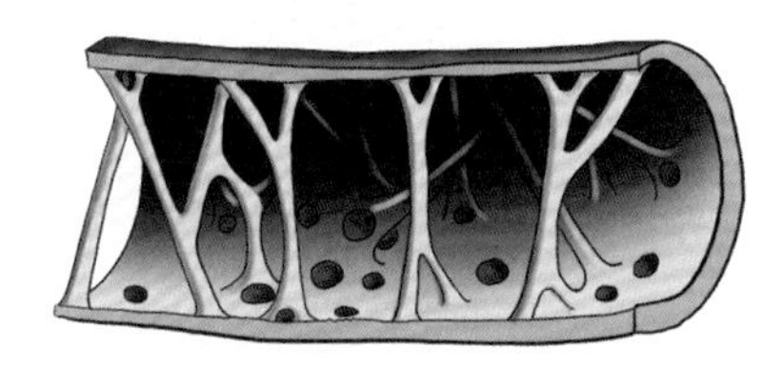

▲ 鸟类长骨的内部结构

● 看到骨骼中充满空气的孔隙了吗？鸟类大部分的长骨都是中空的结构，这就使骨头又轻便又坚固。

● 再来看一看鸟的头骨，你会发现它由一整片的骨头构成。为了进一步减轻重量，鸟类干脆把牙齿都省掉了！

▲ 鸟类头骨

● 这些都是骨头变轻的秘诀，骨头变轻了，才能更好地在空中飞行！

独特的部分

● 与其他动物不同，鸟类的很多骨头都融合到了一起，造型和功能都非常独特！

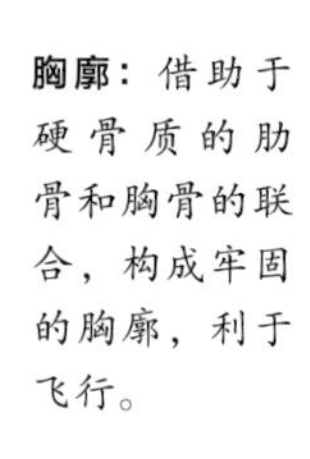

胸廓：借助于硬骨质的肋骨和胸骨的联合，构成牢固的胸廓，利于飞行。

这些特殊的隆起物是起什么作用的？其实飞羽就长在这里！

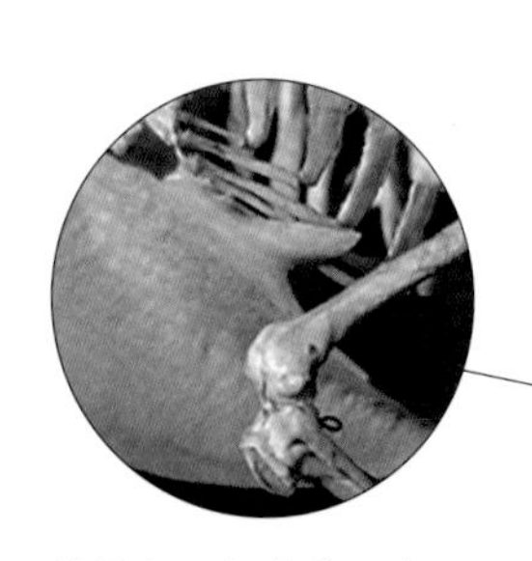

龙骨突：由胸骨融合而成，飞行时所需的巨大胸肌就附着在这儿！所以，一般来说，不擅长飞行的鸟类龙骨突也不发达，就比如鸵鸟。

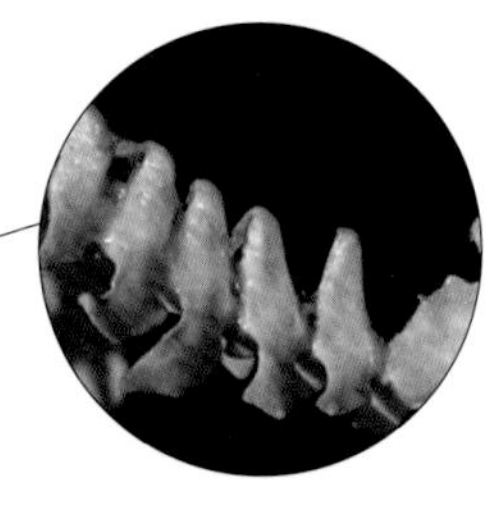

尾综骨：最后几块尾骨愈合成了尾综骨。用来支撑尾羽，还能像船“舵”一样控制方向！

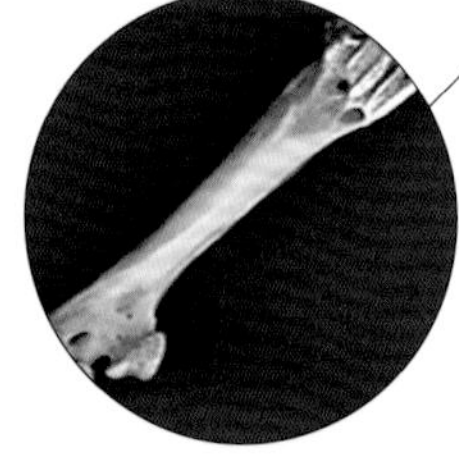

跗跖骨：后肢的一些部位还融合成了跗跖骨。它可以帮助增加起飞、降落时的弹性！

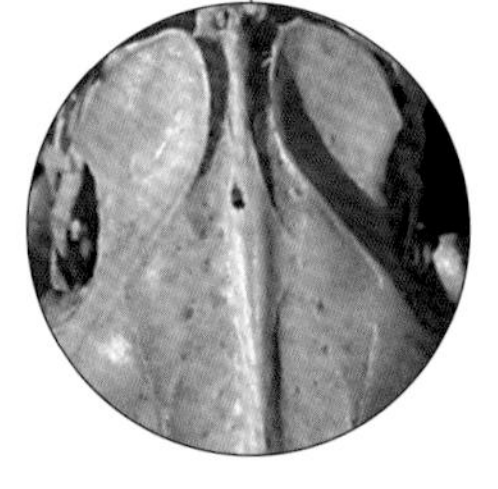

综荐骨：由最后一节胸骨、全部腰椎、全部荐椎与部分尾椎愈合而成，它与宽大的骨盘相愈合，是着陆时体重的坚实支架！

4. 锻炼胸肌

● 啊？想要飞行还要锻炼胸肌？是的。美国的生物学家研究后认为，胸肌就像是鸟类飞行的“发动机”，飞行中所需的能量有80%就来自于它。鸟类胸肌的重量可达整个体重的1/5，所以只有胸肌发达了，双翼才能更好更持久地上下运动。

▲ 鸟类胸肌

想一想

科学家怎样才能观测到鸟类胸肌的运动状况？

答案：科学家通过在鸟类胸部植入晶体传感器来测量鸟类在飞行过程中的肌肉收缩。

5. 安装气囊

● 气囊？车辆上的安全气囊？不是。这里要介绍的是鸟类的呼吸系统。你知道吗，飞行中的鸟儿所消耗的氧气是休息时的21倍，因此氧气是飞行中至关重要的一环。与一般的动物不同，鸟类是利用氧气的高手！

● 鸟类的肺部虽然又小又轻，但是它拥有一个特殊的气囊系统，可以延伸到鸟类的颈部、胸部甚至是羽翼，具有极强的贮氧功能。

● 气囊的存在使鸟类具有了独特的双重呼吸能力。飞行中，举翼吸气时，空气进入鸟儿的肺部和气囊；扇翼呼气时，前面进入气囊的气体可再次经过肺部，这就使得鸟类在一次呼吸活动的吸气与呼气时都可以进行气体交换，从而确保了氧气的充分供应。

▲ 鸟类的双重呼吸

6. 要吃很多哦

● 远距离飞行会消耗许多体力，所以鸟类在出发前，必须要通过大量的进食来补充能量。一只家燕每天能捕食200只左右的蝇类，重量是其体重的43%。健食的大山雀，昼夜吃掉的昆虫总量约等于其自身的体重。虽然吃这么多，但鸟类并不会储存粪便，消化完就排出去，这也是为了减轻体重，适应飞行。

算一算

测测你有多重，然后按照一只家燕摄取食物的重量比，算一算如果你是一只鸟儿的话，你应该吃多重的食物？一般而言，一只家养的鸡平均重量约为2公斤，对照你计算出的食物重量，看看你每天需要吃多少只鸡？

想要飞行，我每天要吃：______ 公斤 × 43% = ______ 公斤 = ______ 只鸡

鸟儿怎么飞?

“吃力”的飞行——拍翼飞行

● 拍翼飞行可真有点累，鸟类在起飞时，张开翅膀上下鼓动，这个过程会产生力量使身体上升，向上并向前飞行。在整个飞行过程中，鸟类会将翅膀下拍后再上举，如此循环往复。而在降落时，鸟儿会张开尾羽，帮助它降落。

● 一般翅膀不够宽大的鸟都会采取这种飞行方式，比如蜂鸟。蜂鸟不仅能够在空中悬停，还可以倒退飞行，当然，这也使得它飞行的时候非常吃力！根据科学家的研究，为了飞行，蜂鸟每秒钟可以振翅80多次！

▲ 蜂鸟飞翔

“轻松”的飞行——滑翔

● 滑翔时鸟类会在空中张开翅膀，随风盘旋，同时将尾部羽毛舒张，利用上升气流使身体悬浮于空中。我们所熟知的鹰或者海鸥等，它们的翅膀面积较大、形状狭长而弯曲，因此滑翔性能极佳!

翻翻看

从前往后翻动书页，看看右下角这只小鸟是怎么飞行的?

▲ 滑翔

人类的飞行神器

● 为了能够像鸟儿一样飞翔，人类一直都在不断地努力。早在15世纪70年代，意大利天才发明家达·芬奇就模仿鸟类的飞行画出了一种扑翼飞行器，当然，后来这个飞行器并没能飞上天空。在这之后，人们又进行了各种尝试，终于在1903年，莱特兄弟发明了世界上第一架飞机，在天空中短暂地飞行了12秒。

● 如今，随着技术的进步，现代飞行器已经愈发先进，然而它们的原理构造其实跟鸟儿各方面的身体结构依然相似，聪明的你是否能够找到它们之间的联系呢？

连连看

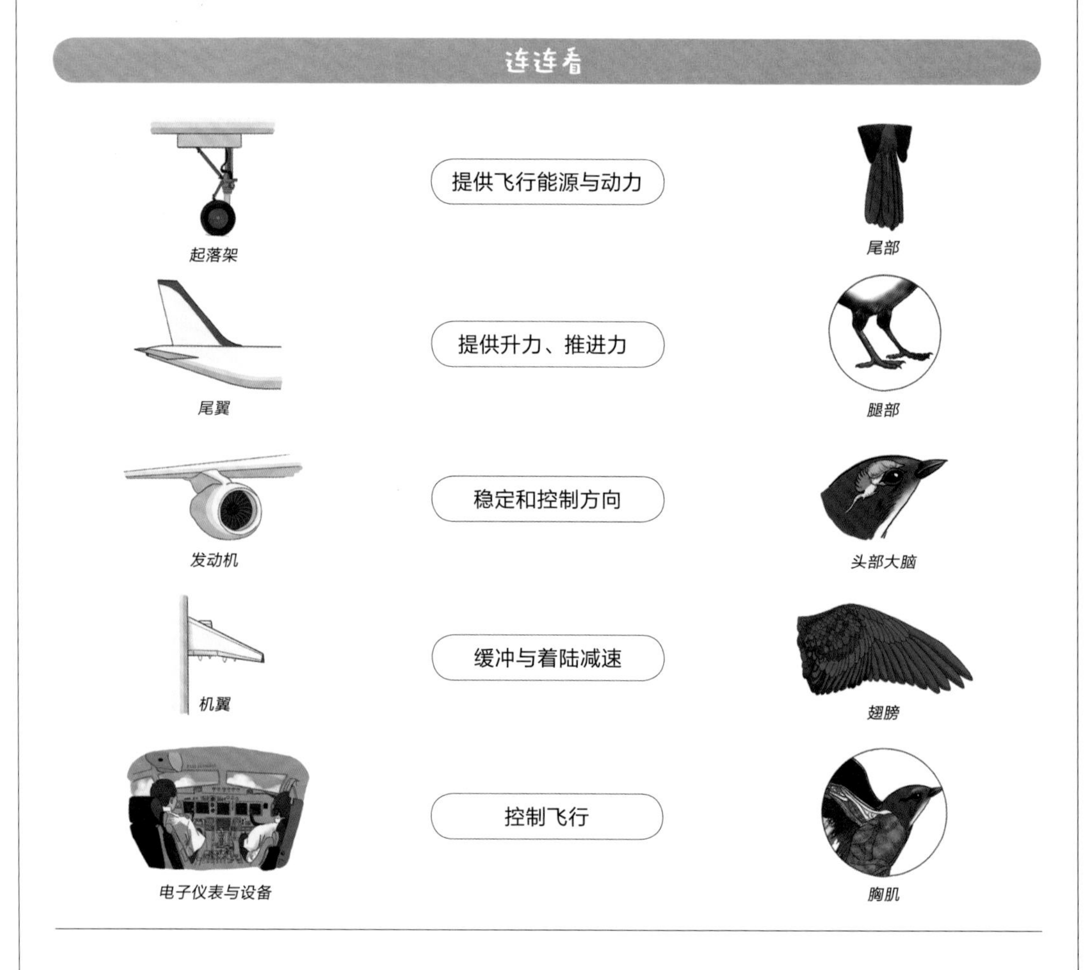

自然探索坊

挑战指数： ★★★★☆

探索主题： 与飞行相适应的鸟类身体结构

你要具备： 较强的动手能力、空气动力学基本知识

新技能获得： 分析比较能力

到底有多轻？

● 我们总是说鸟儿的骨头非常轻，可是到底有多轻呢？现在，我们一起来做一个小实验。

● 首先，准备好各种动物的骨头，包括鱼、青蛙、蛇、家鸽和家兔等的骨头。然后，将它们放到饱和的食盐水中。接下来，猜一猜谁会浮起来，谁又会沉下去？

食盐水的调配方法：取盐20克，放入50毫升的水中，充分搅拌3至5分钟。

小实验

通过实验，我发现沉入水底的骨头有：__________；悬浮于水中的骨头有：__________；漂浮在水面上的骨头有：__________。

我推测，这些骨头的重量排列如下：________>________>________

结实的骨头！

● 鸟类身上的长骨都是圆柱形中空的，这样的构造特点能起到什么样的作用呢？请设计一个实验来验证一下，在空白处写下你的实验设想，并将实验结果拍摄记录下来，分享到上海自然博物馆官网以及微信“兴趣小组—自然趣玩屋”。

我的实验设计

Wo de
Shiyan Sheji

制作机翼

● 最后，让我们一起来做一个飞机机翼的小模型，了解一下为什么鸟类的翅膀是前面厚、后面薄的。

制作步骤：

1. 请剪下本书操作页中的图形，按提示制作成机翼纸模型。
2. 准备一根直径约2毫米的铜丝，将它折成图中的形状。
3. 将铜丝两端穿过机翼，使“机翼”只能上下移动。
4. 准备一个泡沫底板，利用铜丝将“机翼”固定在底板上。注意，“机翼”和底板间要空出一段距离。
5. 用吹风机分别对着左右两端吹气，观察“机翼”的运动情况。

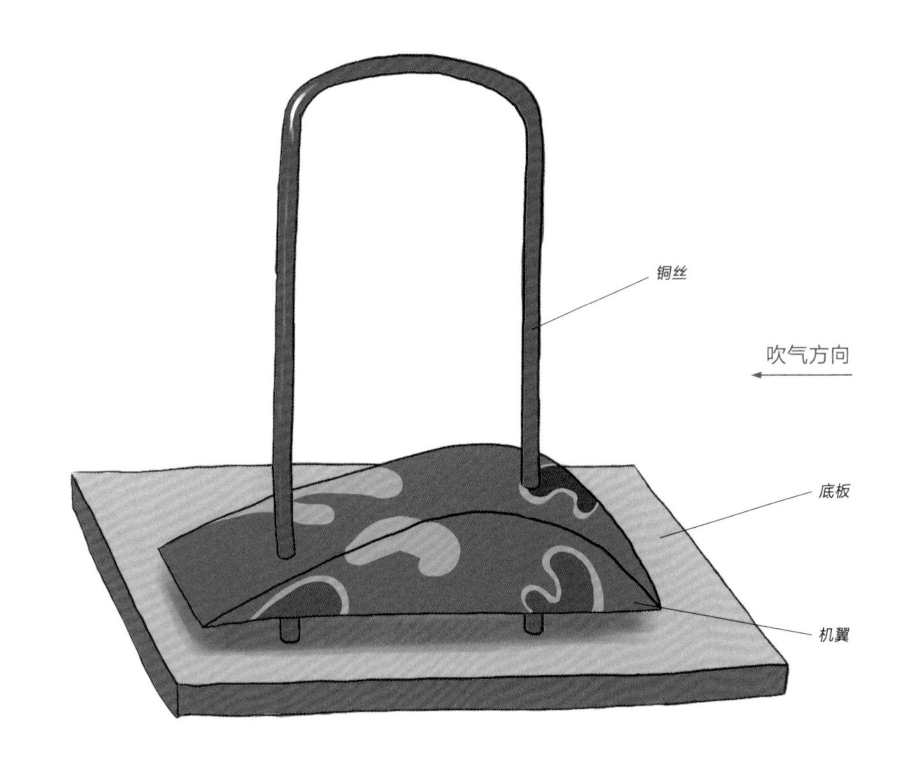

奇思妙想屋

● 还记得吗，羽毛是鸟儿飞行的关键。不过，羽毛除用作飞行外，还可以有很多妙用，比如在古代，欧洲人最早用来帮助书写的工具其实正是鸟类的羽毛。当别人正用普通水笔进行书写时，你想不想在他们的面前炫耀一下你的羽毛笔呢?

● 要想拥有一支羽毛笔，其实相当简单!

材料准备:

□ 较大的羽毛1根

□ 剪刀1把

□ 1根水笔笔芯

□ 透明胶或胶水

制作步骤:

1.清洗羽毛并晾干，将羽根剪去一部分。

2.将笔芯芯管剪短，剩余长度可以部分嵌入羽毛的羽根。

3.将羽根插入笔芯，用透明胶或胶水固定。

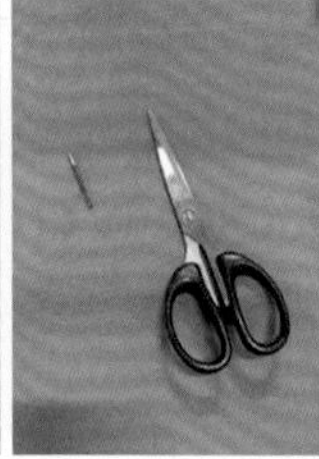
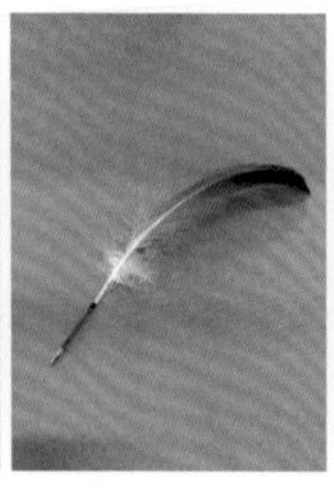
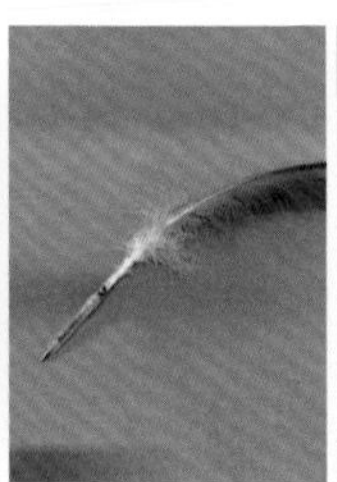

● 一支羽毛笔就做好了。试试吧，用羽毛笔写字是不是挺有点“复古”味道?